NONGCUN SHENGTAI HUANJING BAOHU
ZHISHI SHOUCE

农村生态环境保护知识手册

《生态文明宣传手册》编委会　编

中国环境出版集团 · 北京

图书在版编目（CIP）数据

农村生态环境保护知识手册 / 《生态文明宣传手册》编委会编. -- 北京 : 中国环境出版集团, 2018.4（2023.5重印）

ISBN 978-7-5111-3631-2

Ⅰ. ①农… Ⅱ. ①生… Ⅲ. ①农村生态环境－环境保护－中国－手册 Ⅳ. ①X322.2-62

中国版本图书馆CIP数据核字(2018)第075764号

出 版 人　武德凯
责任编辑　田　怡
责任校对　任　丽
装祯设计　彭　杉

出版发行　中国环境出版集团
（100062 北京市东城区广渠门内大街16号）
网　　址：http://www.cesp.com.cn
电子邮箱：bjgl@cesp.com.cn
联系电话：010-67112765（编辑管理部）
010-67112736（第六分社）
发行热线：010-67125803 010-67113405（传真）
印　　刷　玖龙（天津）印刷有限公司
经　　销　各地新华书店
版　　次　2018年4月第1版
印　　次　2023年5月第4次印刷
开　　本　787×1092 1/32
印　　张　1
字　　数　30千字
定　　价　3元

目　录

农村环境概述

1. 什么是农村环境保护

农村环境是相对于城市环境而言的，是指以农民聚居地为中心的一定范围内的自然及社会条件的总和。因此，不仅包括狭义上的乡村人居环境，还包括农业生产环境。“农村环境”是从“农业环境”逐步转变而来。新中国成立之初“吃饱穿暖”问题更为突出，加之农村环境问题不严重，更注重农产品生产。因此，20 世纪 90 年代之前，农村环境多由农业部门管理，将涉及农业和农村环境保护的概念统称为“农业环境保护”，特指对农业用地、农业用水、农田大气和农业生物等农业生态环境的保护。1998 年国务院机构改革中将农村生态环境保护的职能从农业部划归新升格成立的国家环境保护总局行使。至此，在国家各类有关环境保护的规范性文件中，农村环境开始全面取代农业环境。2018年的第十三届全国人民代表大会上，国务院机构改革将农业部的监督指导农业面源污染治理职责划归新组建的生态环境部，农村环境保护预计将更为彻底地涵盖农业环境。

2. 农村环境污染的成因

改革开放40年以来，我国农村经济飞速发展，但对农村环境保护长期重视不够、投入不足，导致农村环境污染问题日益突出。

一是由于投入不足和农村污染源较为分散的客观现实造成农村环境基础设施薄弱，农村生活、畜禽养殖等产生的污水、垃圾、废弃等得不到处理，直接排放到周边自然环境中，“垃圾靠风刮、污水靠蒸发”的现象十分普遍。

二是农业生产过程中，农药、化肥、农用塑料薄膜等外部投入品的质量和数量得不到有效的控制，片面追求数量而忽视质量，以及蔬菜水果种植过程中各种添加剂（膨胀剂、甜蜜素、色素、催熟剂及其他有害化学物质等）和畜禽养殖各种抗生素、激素、饲料添加剂等的无节制使用不仅造成农产品质量下降，而且造成了耕地环境污染。

三是近年来乡村企业的蓬勃发展和污染处理程度的普遍较低，使得乡镇企业污染的范围和程度呈迅速蔓延和加重趋势，严重污染和破坏了农村生态环境。

四是农民文化素质相对较低，自身环境保护意识薄弱，生活污水随意排放，农村垃圾随处堆放、丢弃等，均对农村居民的生活环境产生威胁。

五是农村环保机构的长期缺失，使得一些环境政策法规在农村得不到很好的实行，造成了农村环境状况的恶化。

3. 农村环境保护的意义

首先，农村环境是我国环境保护战略的重要组成部分，也是全面建成小康社会的重要一环和最大短板。中国是一个农业大国，农业在国民经济中占有举足轻重的地位。农村是除城市和工矿区以外的广大地域，农村生态环境的好坏，不仅直接影响到广大农民的身心健康和生活质量的改善，而且关系到农业的可持续发展和镶嵌在农村之中的城市环境的稳定。其次，加强农村环境保护是“让人民喝上干净的水，呼吸上清新的空气，吃上放心的食物”承诺实现的根基。农村环境质量是保障全国人民菜篮子、米袋子、水缸子安全的命根子，保不住这个底线，全国人民的健康福祉将成为空谈。第三，农村环境质量的恶化是我国社会主要矛盾的体现之一。农村环境形势十分严峻，点源污染与面源污染共存，生活污染和工业污染叠加，各种新旧污染相互交织，工业及城市污染向农村转移，已成为我国农村经济社会可持续发展的制约因素，成为城乡之间不平衡发展的表现之一，也成为阻碍广大农民日益增长的美好生活需要实现的藩篱。

4. 农村环境面临的挑战

尽管随着农村环境综合整治等项目的推进，农村环境总体面貌有较大改观，但农村环境保护发展仍面临重大挑战。

一是农村环境“脏乱差”影响农民生活环境的整体提升。截至2016年，仅有不到20%的村庄进行了环境综合整治，大量农村仍存在“柴草乱堆、污水乱流、粪土乱丢、垃圾乱倒、杂物乱放、畜禽散养”等一系列问题，生活垃圾和废弃杂物“围村、塞河、堵门”以及污水“乱排、乱倒、横流”问题严重而普遍。村里的水塘20世纪70年代还能“淘米洗菜”，80年代还可以“游泳灌溉”，90年代已经是“垃圾覆盖”，到现在已经是“生态破坏”

垃圾围村，水沟成垃圾沟

加上“鱼虾绝代”。“垃圾围村庄，臭水满河塘”已经成为一些农村地区环境的真实写照。

二是农业生产环境污染问题突出，确保农产品质量安全的任务更加艰巨。工业“三废”和城市生活等外源污染向农业农村扩散，镉、汞、砷等重金属不断向农产品产地环境渗透，全国土壤主要污染物点位超标率为16.1%。化肥、农药利用率不足三分之一，农膜回收率不足三分之二，畜禽粪污有效处理率不到50%，秸秆焚烧现象严重。渔业水域生态恶化。农业农村环境污染加重的态势，直接影响了农产品质量安全。

三是农村环保基础设施仍严重不足。目前，我国仍有40%的建制村没有垃圾收集处理设施，78%的建制村未建设污水处理设施，40%的畜禽养殖废弃物未得到资源化利用或无害化处理，38%的农村饮用水水源地未划定保护区（或保护范围），49%未规范设置警示标志，一些地方农村饮用水水源存在安全隐患。

5. 农村环境保护的机遇

一是国家对生态环境保护和恢复的重视高度前所未有。党的十八大以来，习近平总书记就建设社会主义新农村、建设美丽乡村，提出了很多新理念、新论断、新举措。“中国要美，农村必须美”“要因地制宜搞好农村人居环境综合整治”等论断和要求指引着农村环境保护工作。

二是一系列有关农村环境与发展的大略方针“正在路上”。

党的十九大提出实施乡村振兴战略，2018 年中央一号文件聚焦乡村振兴战略，确定了包括“生态宜居”在内的二十字总要求，提出实施《农村人居环境整治三年行动方案》，预计未来一段时期农村将迎来更多的关注和蓬勃发展。

三是农村环境管理权责更为明确，管理成效大幅提升。生态环境部的组建和农村、农业生态环境保护职责全部划归生态环境部，进一步理顺了管理体制机制，为农村环境保护提供了管理制度保障。

农村环境污染问题

1. 农村生活污水污染

据统计，全国有近80%的镇生活污水没有经过处理，广大乡村的生活污水处理状况可想而知。由于目前大多数农村没有排水管道和污水处理系统，污水处理率低，大部分生活污水都随意排放，直接进入河流或排出室外空地后任意渗入地下，或沉积在村边沟渠和村庄低洼地面。少部分经化粪池简单处理后渗入地下，严重污染附近河水、湖泊。近年来，随着乡村经济的发展，农民的生活水平有了很大的提高，农村生活污水的排放量不断增加。同时，由于近年农村城镇化的发展，水域面积减少，水的流动性降低，自净能力减弱，进一步加重了水体污染。生活污水已成为目前农村水体污染的主要污染源之一，直接威胁着广大农民群众的生存环境与身体健康。

2. 农村生活垃圾污染

随着农村经济的发展和农民生活水平的提高以及交通运输的便利，农村生活垃圾产生量快速增加，且成分日渐复杂。前农村的垃圾一般都是有机垃圾，且数量不多，都能自然循环降解，很少造成二次污染。但近年农村生活垃圾不仅产生量快速增加，“不可降解物质”的比例也逐渐增大。由于多数农村缺乏专门有效的垃圾处理设施和运行管理机制，农户大量生活垃圾随意丢弃，侵占大量土地，散落村头屋旁，造成村庄环境面貌较差；生活垃圾乱抛乱撒，大多散落在农村河沟边且相当部分浸泡在水体中，甚至部分地区将收集好的垃圾运送到附近的河道违法倾倒，造成地表水体污染。此外，垃圾堆放村头，蚊蝇鼠害滋孳，部分垃圾本身就含有病原体，也成为疾病的滋生地和传播源。

3. 北方农村采暖污染

随着农村生活水平的提高，北方农村冬季采暖普遍将稍秸秆改为烧散煤采暖。虽然北方冬季采暖这个污染源已经有上百年的历史，但是，污染排放量达到今天这样巨大的规模，却是最近10多年来的事情。为了节约成本，很多农户使用的是价格低廉、高硫、高氟等污染较大的烟煤，而且有相当数量是劣质烟煤，低空排放，这种煤在燃烧不充分时产生的是黑烟、二氧化碳、二氧化硫以及碳氧化合物等污染物严重超标，对于空气及附近城市农村造成了严重的污染。据研究发现，每燃烧1吨散煤所产生的大气污染物排放量，相当于等量电煤的15倍以上，而一家农户在冬季往往要烧2～5吨煤。具体到京津冀地区，散煤燃烧虽然仅占煤炭消耗总量的10%，却贡献了整体煤炭燃烧污染物的50%左右。以煤为主，甚至是以劣质煤为主的取暖方式成为农村冬季大气污染的重要来源。

4. 农村畜禽养殖污染

随着农村经济、社会的发展，原来以农户分散养殖的传统生产养殖习惯，逐渐被粗放型养殖模式所取代，各种集约型规模化养殖户、各种养殖小区不断涌现。但是随着养殖业的发展，污染问题也愈来愈严重，不少地方因养殖污染造成空气恶化、水质下降，农村畜禽养殖污染已成为农村的重要污染源。畜禽粪便露天堆放、便液直接排放，造成了大气环境和水体环境的污染。大多数养殖场畜禽粪便随处排放、污水横溢，有的甚至直接堆积到公路两边，堆粪地点周围恶臭弥漫；有的养殖场就近将畜禽粪便直接排入河道或池坑，留下污染土壤和地下水的隐患。个别畜禽养殖场选址不当，养殖场建在河流旁或人口居住区附近区域内，噪声及臭味会直接污染周围居民，所排放的污染物造成河流堵塞，影响居民日常生活用水，甚至对饮用水造成污染，严重影响周边群众的生产生活环境。畜禽养殖过程中饲料添加剂、抗生素、激素等也可能对人体健康产生影响。

5. 农村乡村工业污染

改革开放以来，随着我国工业化的快速推进和部分高能耗、高污染的工业生产项目逐步从城市向农村转移，农村乡村工业污染问题日益突出。由于土地与劳动力相对廉价，环保管理工作相对薄弱，一些生产规模小、污染大、面临淘汰的工业生产项目乘虚而入。部分农村的小作坊、小工厂呈现“村村点火，户户冒烟”“一个厂污染一条河，一个烟囱污染一片天”的状况。乡村工业企业超标排放重金属和其他有毒废水、私设暗管、未安装或不正常使用污染防治设施等新闻报道，时常见诸报端。乡村工业很少考虑环境保护问题，设备简陋、工艺陈旧、能源消耗大、污染防治设施不配套，造成了严重的局部农村环境污染。据调查，对农村造成污染较大的工业项目主要以五金电镀、小冶炼、小化工、农副产品加工、矿产资源开发等为主，这些企业产生的有害气体和工业污水，很多没有采取有效的治理措施直接排放，对周边的土壤和水质环境造成严重污染、污毁田园、危害村民。

6. 农业生产环境污染

改革开放以来，由于农业生产经营方式的不断转变，农民为追求简便轻松的生产方式和农作物产量，大量施用化肥、农药和除草剂等化学品以及农膜等塑料制品，很少使用人畜粪便等有机肥料，农作物秸秆还田也极少，普遍是就地焚烧，导致农田土壤污染、板结严重，同时还通过农田径流造成水体的有机污染和富营养化污染。据研究表明，由于连年滥用，农药只有约 1/3 能被作物吸收利用，大部分农药流失，也严重造成水体毒性污染和土壤高毒、高残留及重金属超标，不断导致农产品质量下降和引起中毒，并通过生物富集和食物链给人类身体健康带来危害。任何形态的化学肥料施于土壤中都不可能全部被植物吸收利用，其利用率氮为 30% ～ 35%、磷为 10% ～ 20%、钾为 35% ～ 50%。因此，化学肥料施用不当，造成环境污染严重。由聚乙烯制成的塑料农膜本身无法降解，若大量废弃塑料农膜残留在地里，会对农田造成极大的长期污染。

农村环境污染防治

1. 饮用水水源地保护

农村饮用水水源点多面广、单个水源规模较小、部分早期建设的饮水工程老化失修，水源保护管理基础薄弱、防护措施不足、长效运行机制不完善等问题依然存在，农村水源污染事件时有发生。

一是要分类推进水源保护区或保护范围划定工作。开展农村饮用水水源地环境状况调查评估工作，以供水人口多、环境敏感的农村饮用水水源地为重点，加快划定水源保护区或保护范围。

二是加强农村饮用水水源规范化建设。实施水源地警示标志设置和水源地隔离防护工程，提高饮用水水源地环境管理水平，确保水源水质安全。

三是加强农村饮用水源环境监管。依法清理饮用水水源保护区内违法建筑和排污口，全面排查农村饮用水水源周边环境风险隐患，建立风险源名录。对可能影响农村饮用水水源地环境安全的重点行业、重点污染源，加强执法监管和风险防范，做好突发水环境事件的风险控制、应急准备、应急处置等工作，避免突发环境事件影响水源安全。对水质超标的水源，研究制订水质达标方案，开展水源污染防治工作。

2. 农村生活污水处理

一是要因地制宜地梯次推进农村生活污水治理。要根据村庄的人口密度、地形地貌、气候类型、经济条件等因素，采用污染治理与资源利用相结合、工程措施与生态措施相结合、集中与分散相结合的建设模式和处理工艺。积极推广低成本、低能耗、易维护、高效率的污水处理技术，处理好技术实用性和技术统一性的关系，避免技术“多而杂、散而乱”。离城镇较近的村庄，污水可通过管网纳入城镇污水处理设施进行处理；离城镇较远且人口较多的村庄，可建设污水集中处理设施；人口较少的村庄可建设人工湿地、氧化塘等分散式污水处理设施。

二是要落实污水处理设施长效维护管理机制。逐步完善农村污水处理工作体系，将农村生活污水治理作为一项常态化工作，安排专人负责。探索适合本地区的运行管理模式。推广社会化专业养护，逐步实现精细化管理，做好污水处理设施的日常运行、维护和管理，切实保证设施“建成一个，运行一个，见效一个”。

3. 农村生活垃圾处置

一是探索农村生活垃圾分类减量和资源化利用方式，加强环保宣传与培训，推行“分类收集，定点投放，分拣清运，回收利用”，引导农村生活垃圾源头分类、就地减量，逐步实现资源化利用。采取“多村一站”的模式，根据实际需要逐步在各地建设一批农村再生资源回收站点，实现可回收垃圾交由再生资源回收企业回收。

二是强化农村生活垃圾收集转运。在现有“户收集，村集中，镇转运，县处理”收运体系基础上，建立健全符合农村实际、方式多样的生活垃圾收运处置体系。

三是开展现有垃圾堆放点整治，排查非正规垃圾堆放点，重点整治垃圾山、垃圾围村、垃圾围坝、工业污染“上山下乡”。

四是健全农村生活垃圾长效管理机制。将垃圾规范处理、保护村庄环境等内容纳入村规民约，各村建立保洁制度，配备固定的保洁人员，建立农户“门前三包”责任制度；成立卫生监督小组，对村级卫生实行监督检查；探索开展农村生活垃圾处理收费制度，实现农村保洁常态化管理。

4. 农村能源结构调整

在我国耗煤第一大户煤电行业基本都加装了先进的除尘、除硫、脱硝设施的背景下，北方空气污染依然十分严重。农村散煤面源污染与我国北方冬季严重灰霾天气多发的情形重叠，引起人们对农村散煤严重污染的猜想。2017年冬季，环境保护部在京津冀地区开展了农村取暖“双替代”（电代煤、气代煤）的专项巡视工作，成效显著。农村地区能源结构调整的重点是减少散煤使用，提高电、气及清洁煤的使用比例。鉴于以散煤为代表的低级能源是造成农村地区大气污染物排放的主要原因，因此将主要精力置于“控煤”上，是农村地区能源结构调整的基础。

一是农村取暖煤改电、天然气入户、利用太阳热能和优质燃煤替代，控制煤炭消费总量。减少以煤为主的一次能源结构，增加天然气、煤

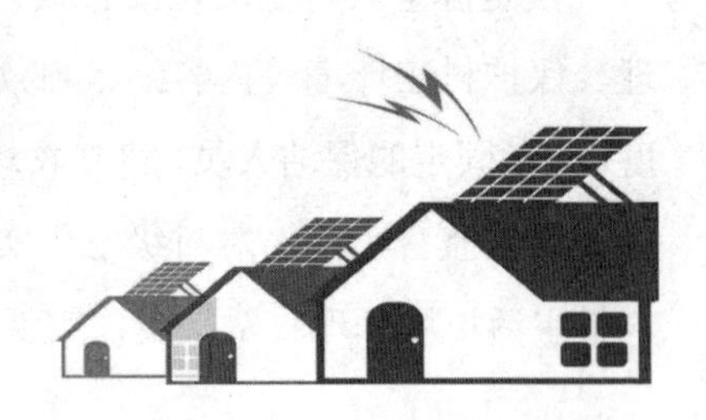

制甲烷、煤层气供应。

二是着眼于住宅节能保温改造，以减少取暖能源消费总量。

三是在饲养大牲畜较为普遍的农村，推广“猪—沼—粮”的可再生能源模式，节约生产生活能源用煤等。

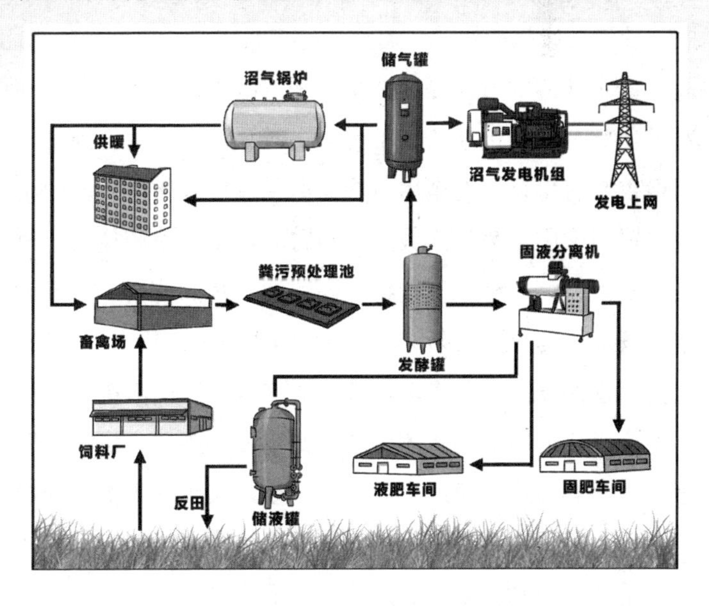

四是积极开展能源惠民工程，制定“双替代”扶持政策，加大资金投入，农户的用电、用气优惠政策需要切实落实。

5. 农村土壤污染防治

农村土壤污染来源较为复杂，污染的防治也要针对源头进行。针对工业“三废”产生的土壤污染，需要严格控制工业“三废”的排放，调整乡村产业结构，减少高耗能、高污染企业的数量，提高技术水平，减少污染物排放量。对于化肥、农药造成的土壤污染，应采取测土配方施肥，严格控制有毒化肥的施用范围和用量，控制化学农药的用量、适用范围、喷施次数和喷施时间，提高喷施技术，改进农药剂型，严格限制剧毒、高残留农药的使用。对于污水灌溉造成的土壤污染，则需要严格管理灌溉用水的水质，严防污水灌溉造成的土壤污染。矿产开发、废渣废矿堆存以及废水排放造成的土壤污染，则需要加强矿产资源开发管理，严禁污染外排或进入土壤。已污染土壤则需要开展土壤修复，方法包括热力学修复技术、热解吸修复技术、化学淋洗、植物修复、渗透反应墙等土壤修复技术。具体方法则需要根据不同的土壤性质、不同的修复需求等筛选确定。

6. 农村工业污染防治

总体而言，农村工业污染多是由于环境监管不足造成的，因此首先要加强乡镇环境保护基本制度和基础体系建设，推进环境影响评价、“三同时”和排污许可等环境管理制度的落实，推动乡村工业污染防治走上制度化、规范化道路。其次，加强乡村地区工业的统筹规划、合理布局和集中管理，合理布局农村工业企业，集中治理工业污染。第三，提升技术水平，推动乡村地区工业行业产业升级，推广清洁生产工艺、实用治理技术，鼓励发展技术含量高、物耗少、污染轻、效益好的产业和产品，努力做到农村工业生产水平与城市一致。第四，提高乡村地区环保准入门槛，防止污染工业向乡村地区转移，落实乡村的地区达标排放和总量控制纳入所在行政区。第五，加强环保法制宣传，提高乡村地区的领导干部和工业企业的环保意识，提升广大农民的环境维权意识和监督意识。

7. 农村面源污染防治

全面加强农业面源污染防控，科学合理使用农业投入品，提高使用效率，减少农业内源性污染。普及和深化测土配方施肥，改进施肥方式，鼓励使用有机肥、生物肥料和绿肥种植，引导农民施用有机肥、种植绿肥、沼渣沼液还田等方式减少化肥使用，提高测土配方施肥技术推广覆盖率，大幅提高化肥利用率，努力实现化肥施用量零增长。推广高效、低毒、低残留、低风险农药及生物农药和先进施药机械，推进病虫害统防统治和绿色防控，努力提高农作物病虫害统防统治覆盖率，努力实现农药施用量零增长。建设农田生态沟渠、污水净化塘等设施，净化农田排水及地表径流。综合治理地膜污染，推广加厚地膜，开展废旧地膜机械化捡拾示范推广和回收利用，加快可降解地膜研发，促进农业主产区农膜和农药包装废弃物的回收利用。开展农产品产地环境监测与风险评估，实施重度污染耕地用途管制，建立健全农业环境监测体系。

8. 农村养殖污染防治

一是划定畜禽养殖禁养区并进行整治。按照《畜禽养殖禁养区划定技术指南》的要求，依法划定禁养区，积极推动当地政府关闭或搬迁禁养区内的养殖场（小区）。二是积极推行畜禽清洁养殖，因地制宜推广“农牧结合型”“林牧结合型”等种养平衡的生态养殖模式。三是推行规模化畜禽养殖场（小区）标准化建设和改造，新建、改建、扩建规模化畜禽养殖场（小区）要实施雨污分流，鼓励采用“共建、共享、共管”的模式建设污染防治设施。四是鼓励畜禽养殖相对集中区域建设有机肥厂，结合生态农业建设及化肥农药使用量零增长行动，引导农民增施有机肥，实现畜禽废弃物资源化循环利用。五是要强化畜禽养殖业环保审批，加强畜禽养殖建设项目的环保审批，新建、改建和扩建的规模化畜禽养殖场（小区）应严格执行环境影响评价制度。六是加强畜禽养殖污染防治监管。将畜禽养殖污染防治纳入日常执法监管范围，加大监督检查力度，依法查处违法行为。完善畜禽养殖污染监测体系，建立畜禽养殖环境管理信息系统。督促养殖场按照规定做好自行监测、信息公开等工作，切实履行环境保护主体责任。

9. 废弃秸秆综合利用

首先，需要认识到秸秆本身也是一种资源，秸秆焚烧不仅会造成大气污染，也是一种粗暴地浪费资源的行为。秸秆是牛羊粗饲料的主要来源，推进秸秆饲料化与调整畜禽养殖结构结合起来，在粮食主产区和农牧交错区积极培植秸秆养畜产业，鼓励秸秆青贮、氨化、微贮、颗粒饲料等的快速发展。推广普及保护性耕作技术，玉米、水稻、小麦等农作物秸秆以直接还田为主，结合秸秆腐熟还田、堆沤还田、生物反应堆以及秸秆有机肥生产等，提高秸秆肥料化利用率。大力发展以秸秆为基料的食用菌生产，培育壮大秸秆生产食用菌基料龙头企业、专业合作组织、种植大户，加快建设现代高效生态农业。利用生化处理技术，生产育苗基质、栽培基质，满足集约化育苗、无土栽培和土壤改良的需要。实施秸秆气化集中供气、供电和秸秆固化成型燃料供热、材料化致密成型等项目。配置秸秆还田深翻、秸秆粉碎、捡拾、打包等机械，推进秸秆综合利用规模化、产业化，建立健全秸秆收储运体系。

10. 农业废弃物的处置

农业废弃物量大、面广，用则利，弃则害，放错了是污染，放对了是资源。对于废旧农膜，通过制定农膜回收、处理、奖励补偿政策，鼓励回收地膜，提升再利用水平，完善农业地膜产品标准，提高标准准入。对于废弃农药包装物，按照“谁购买谁交回，谁销售谁收集，谁生产谁处理”的原则，实施废弃农药包装物押金制度，探索基于市场机制的回收处理机制，对废弃农药包装物实施无害化处理和资源化利用。对于病死畜禽，围绕收集、暂存、处理等关键环节，促进无害化处理。健全完善病死畜禽收集暂存体系，建设专业化病死畜禽无害化处理中心，配备相应收集、运输、暂存和冷藏设施，以及无害化处理设施设备。有条件的地方探索开展副产品深加工，生产工业油脂、有机肥、无机炭等产品。对于农产品加工副产物，粮食加工副产物如米糠可以制油、稻壳可用于生物质发电，油料加工副产物可以提取维生素、脂肪酸甲脂等；畜禽加工副产物可用于转化为生物多肽和饲料中的蛋白质资源等。

11. 农村水域生态修复

投肥养殖是农村湖泊、坑塘水域富营养化的重要因素，对于禁养区的水域不得投肥养殖水产；对于限养区应提高饵料和药品利用率，减少投饵和用药量；通过种植水生植物、撒播光合细菌，吸收降解和转化水中氮磷和有机污染物。在淡水渔业区，推进水产养殖污染减排，升级改造养殖池塘，改扩建工厂化循环水养殖设施，对湖泊水库的规模化网箱养殖配备环保网箱、养殖废水废物收集处理设施。在海洋渔业区，配置海洋渔业资源调查船，建设人工鱼礁、海藻场、海草床等基础设施，发展深水网箱养殖。继续实施渔业转产转业及渔船更新改造项目，加大减船转产力度。在水源涵养区，综合运用截污治污、河湖清淤、生物控制等，整治生态河道和农村沟塘，改造渠化河道，推进水生态修复，开展水生生物资源环境调查监测和增殖放流。

12. 农村环境综合整治

“农村环境综合整治”是环境保护部和财政部从2008年开始实施的一项国家农村环境保护工程。到2017年，仅中央财政就投入了375亿元，一共整治了11万个村庄，解决了一大批农村突出环境问题，大约有2亿农村人口从中受益。这项综合整治活动确实解决了群众身边的污水、垃圾等问题，并以此为推手，推动了整个农村污染防治、生态环境保护工作。农村环境综合整治项目从保护农村饮用水水源地、处理农村生活污水和垃圾，提高畜禽养殖污染防治水平，改善农村人居环境，增强农村环境监管能力和农民群众环保意识等几个方面，开展农村环境的系统保护与治理。全国各地根据《全国农村环境综合整治“十三五”规划》，编制了各地的农村环境综合整治方案，解决农村重点环境问题，完善农村环境保护机制，协同推进农业供给侧结构性改革，不断提升农村人居环境，建设生态宜居的美丽乡村，为高水平全面建成小康社会夯实基础。

13. 乡村振兴促进保护

乡村振兴战略是习近平同志2017年10月18日在党的“十九大”报告中提出的。农业、农村、农民问题是关系国计民生的根本性问题，必须始终把解决好“三农”问题作为全党工作重中之重，实施乡村振兴战略。2017年12月29日，中央农村工作会议首次提出走中国特色社会主义乡村振兴道路，让农业成为有奔头的产业，让农民成为有吸引力的职业，让农村成为安居乐业的美丽家园。2018年1月2日，中共中央、国务院发布了《关于实施乡村振兴战略的意见》，提出了产业兴旺、生态宜居、乡风文明、治理有效、生活富裕是乡村振兴的总要求，到2020年，农村人居环境明显改善，美丽宜居乡村建设扎实推进；农村生态环境明显好转，农业生态服务能力进一步提高。由此可见，在生态文明建设“五位一体”“四化同步”的指导下，农村环境保护在乡村振兴战略的背景下，只会得到进一步的加强，而不会减弱；农村环境只会变得越来好，而不会持续恶化。